eins

1	1	1	1	1	1	1	1
1							1
1							1

1	1	1	1	1	1
1					1

1	1	1	1	1	1	1
1						1

1	1		1
1	1		1
1			1
1			1

2  2

2 2 2 2

2 2 2 2

2	2	2	2	2

2	2	2	2	2	2	2	2
2							2
2							2

2	2	2	2	2	2
2					2

2	2	2	2	2	2	2
2						2

2 2

2

12 12 1

21 21 2

3

|||

drei

3

3 3 3 3

3 3 3 3

3	3	3	3	3

3	3	3	3	3	3	3	3
3							3
3							3

3 3 3 3 3 3

3 3

3 3 3 3 3 3 3

3 3

3 3

3

1 2 3 1 2 3 1

3 2 1 3 2 1 3

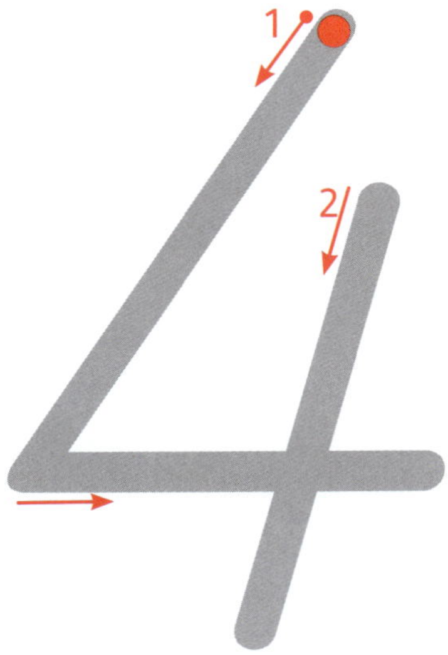

vier

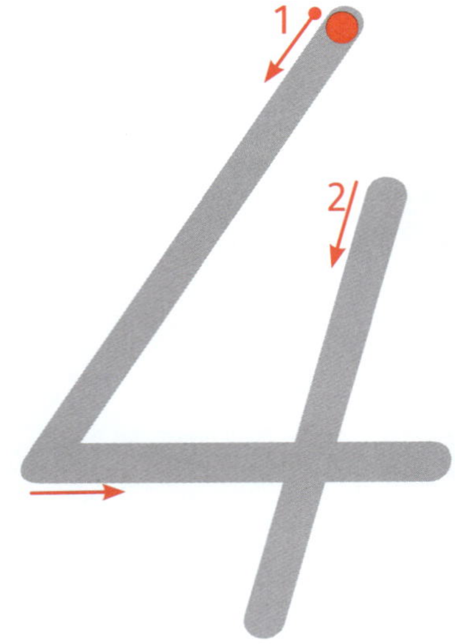

4	4	4	4	4	4	4	4
4							4
4							4

4 4 4 4 4 4

4 4

4 4 4 4 4 4 4

4 4

4 4

4

1 2 3 4 1 2 3 4 1

4 3 2 1 4 3 2 1 4

5

5

5 5 5 5

5 5 5 5

5	5	5	5	5

5	5	5	5	5	5	5	5
5							5
5							5

5 5 5 5 5 5

5 5

5 5 5 5 5 5 5

5 5

5 5

5

1 2 3 4 5 1 2 3 4 5 1

5 4 3 2 1 5 4 3 2 1 5

6  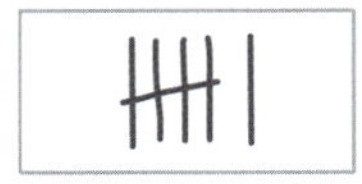  6

sechs

6 6 6 6

6 6 6 6

6	6	6	6	6

6	6	6	6	6	6	6	6
6							6
6							6

6 6 6 6 6 6

6 6

6 6 6 6 6 6 6

6 6

6 6

6

2 4 6 2 4 6 2

6 3 5 6 3 5 6

sieben

7

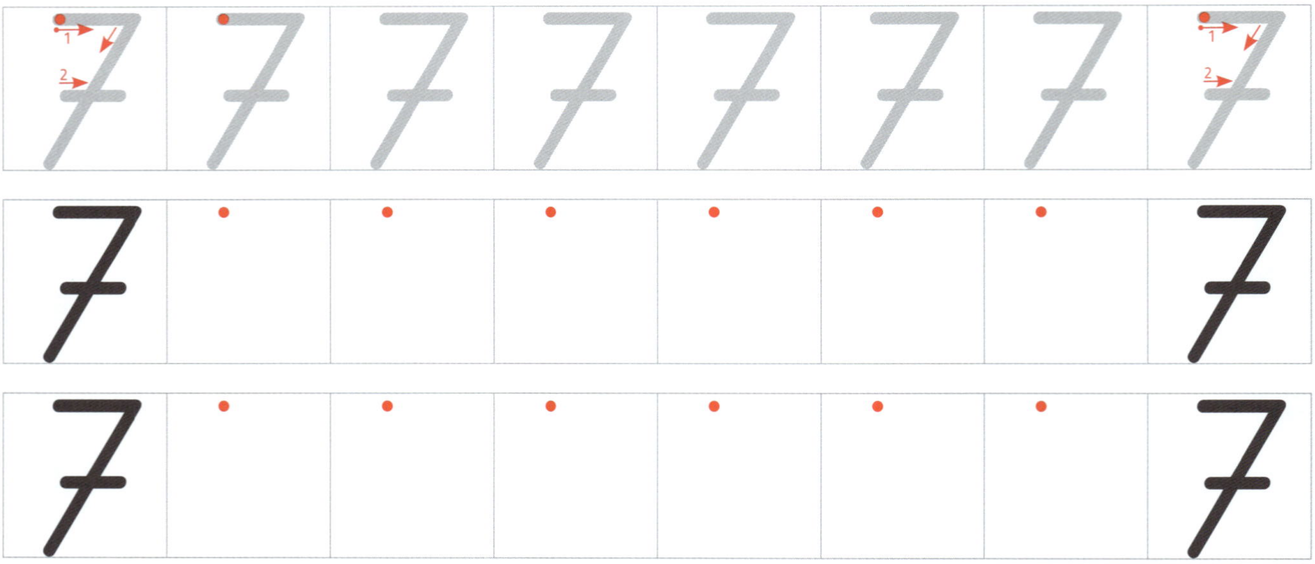
7

7 7 7 7 7 7

7 7

7 7 7 7 7 7 7

7 7

7 7

7

1 3 7 5 1 3 7 5 1

7 2 6 4 7 2 6 4 7

acht

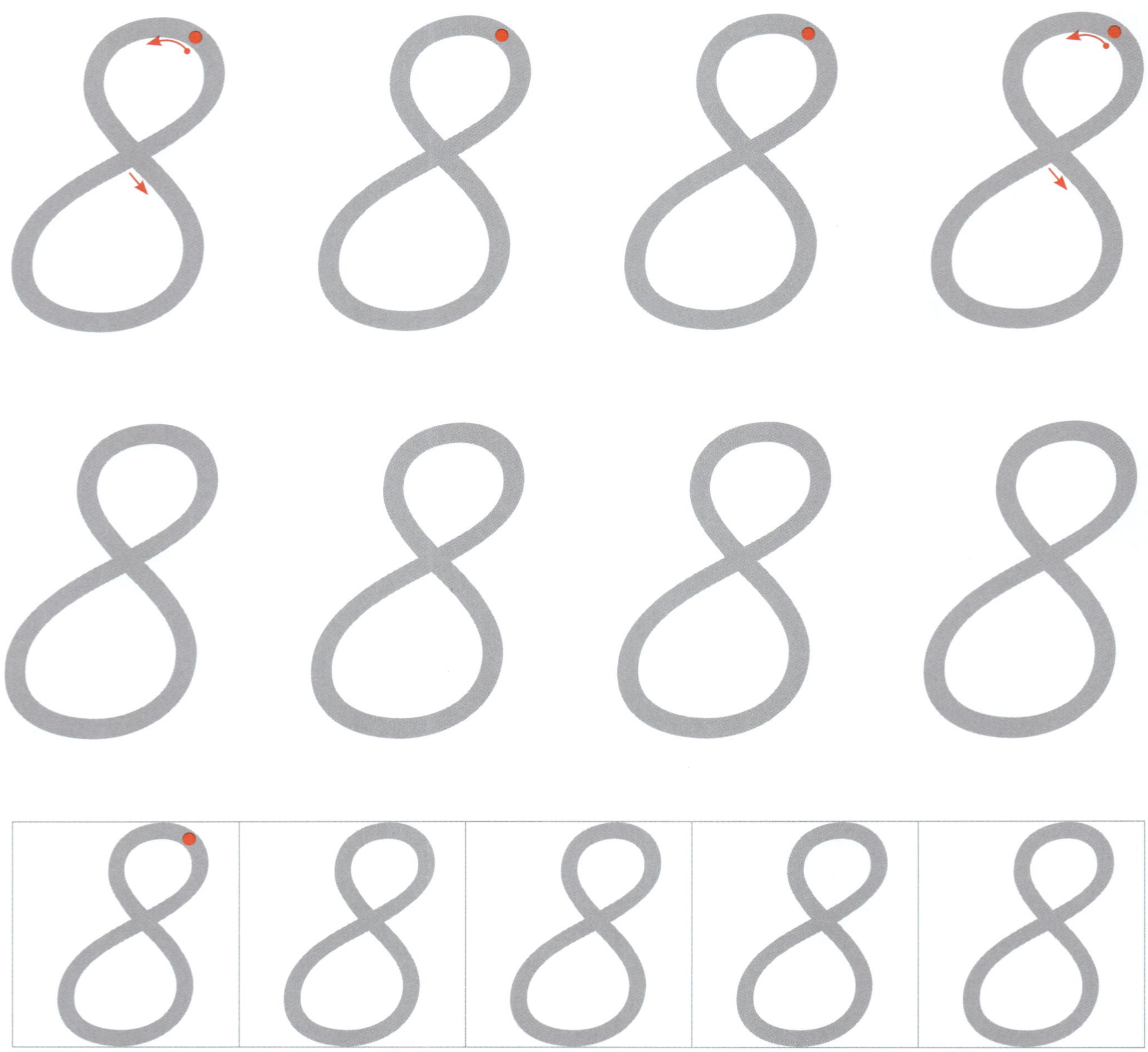

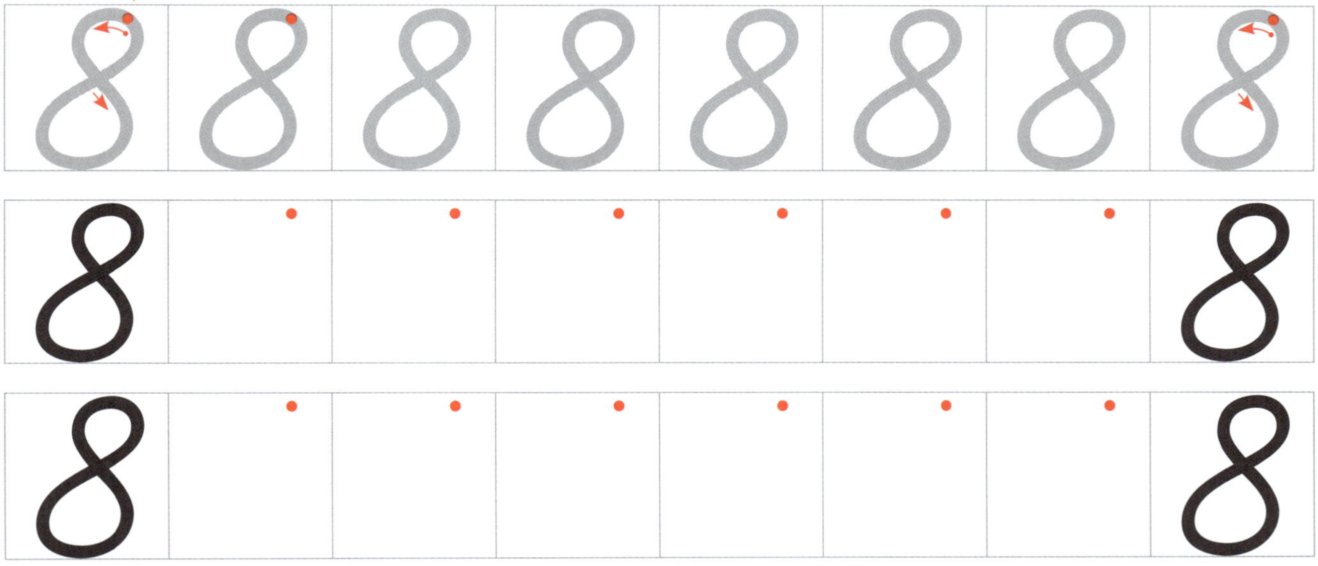

8	8	8	8	8	8
8					8

8	8	8	8	8	8	8
8						8

8 8

8

2 4 6 8 2 4 6 8 2

8 3 7 5 8 3 7 5 8

g

g

g g g g

g g g g

g g g g g

g	g	g	g	g	g	g	g
g							g
g							g

g g g g g g

g g

g g g g g g g

g g

g g

g

1 3 5 7 9 1 3 5 7 9 1

9 2 8 4 6 9 2 8 4 6 9

null

0	0	0	0	0	0	0	0
0							0
0							0

0 0 0 0 0 0

0 0

0 0 0 0 0 0 0

0 0

0 0

0

0 1 2 3 4 5 6 7 8 9 0

9 8 7 6

Zifferngalerie von ____________________

Lösungen zu den Suchbildern

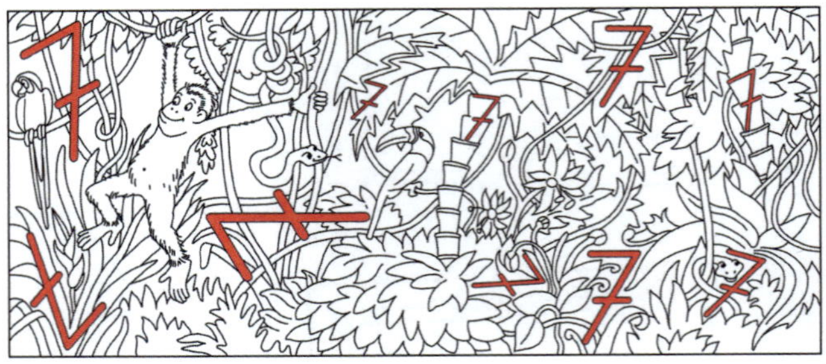